Uerisson Nascimento de Araujo Rebelo
Maria Manuela da F. Moura

Détermination de la fréquence de certains marqueurs moléculaires humains

Uerisson Nascimento de Araujo Rebelo
Maria Manuela da F. Moura

Détermination de la fréquence de certains marqueurs moléculaires humains

Fréquence des marqueurs humains

ScienciaScripts

Imprint

Any brand names and product names mentioned in this book are subject to trademark, brand or patent protection and are trademarks or registered trademarks of their respective holders. The use of brand names, product names, common names, trade names, product descriptions etc. even without a particular marking in this work is in no way to be construed to mean that such names may be regarded as unrestricted in respect of trademark and brand protection legislation and could thus be used by anyone.

Cover image: www.ingimage.com

This book is a translation from the original published under ISBN 978-620-2-04935-1.

Publisher:
Sciencia Scripts
is a trademark of
Dodo Books Indian Ocean Ltd. and OmniScriptum S.R.L publishing group

120 High Road, East Finchley, London, N2 9ED, United Kingdom
Str. Armeneasca 28/1, office 1, Chisinau MD-2012, Republic of Moldova, Europe
Printed at: see last page
ISBN: 978-620-7-24360-0

RÉSUMÉ

REMERCIEMENTS

L'Université fédérale de Rondônia - UNIR pour l'opportunité de se développer personnellement et professionnellement.

Maria Manuela da Fonseca Moura pour ses conseils, pour m'avoir donné l'occasion de travailler dans cet univers fascinant qu'est la génétique humaine et pour avoir cru que je pouvais mener à bien cette recherche, en me motivant toujours lorsque les résultats n'étaient pas ceux escomptés et en me reconnaissant lorsque les résultats étaient satisfaisants. Ils ont fait avancer mes idées pour que je puisse continuer à faire ce que j'aime, de la bonne science.

A mes collègues du laboratoire, qui m'ont aidé chaque fois qu'ils en avaient le temps et l'envie.

A mon père Valmio S. Rebelo et à ma mère Maria N. A. Rebelo qui m'ont soutenu et encouragé à poursuivre mes études.

Cleice Milene Strada, qui m'a toujours aidée et soutenue dans les moments les plus compliqués et les plus sombres.

À tous les enseignants, depuis mon enfance jusqu'à l'université, qui ont toujours voulu faire de leur mieux pour tous les étudiants qui sont passés entre leurs mains.

À la famille Sampaio Cabral, qui m'a soutenu et m'a tenu la main lorsque j'avais le plus besoin d'un foyer.

À mes amis, Hembert Flores, Danilo Geremia, Fabio Marconso, Jhonny Carvalho, qui ont été à mes côtés à tout moment.

Au conseil qui a accepté de corriger mes erreurs.

A tous ceux qui m'ont soutenu directement ou indirectement, avec de bonnes idées, de nouvelles façons de voir et de traiter les situations qui m'ont permis de me construire sur le plan personnel et académique.

A Dieu le créateur.

RÉSUMÉ

L'ADN est présent dans tous les tissus humains, ce qui le rend facile à obtenir. Des expériences menées en 1985 par Jeffreys et ses collaborateurs ont mis en évidence des unités d'ADN répétées dont le nombre varie d'un individu à l'autre. Les séquences STR ont des unités répétées dont la taille varie entre 2 et 7 paires de bases et constituent des régions microsatellites de l'ADN. L'objectif de cette étude était d'analyser les fréquences alléliques et génotypiques des marqueurs microsatellites STR vWA, D21S11 et FGA dans une population de Porto Velho, Rondônia. 33 échantillons ont été analysés par PCR et sur gel de polyacrylamide dénaturant à 12 %. L'allèle le plus fréquent pour vWA était 17 (0,3333), pour D21S11 il était 29 (0,2273) et pour FGA il était 24 et 31 (0,2121). Le test du chi-carré a été utilisé comme test statistique pour vérifier l'équilibre de Hardy-Weinberg. Selon ce test, la population étudiée n'est pas en équilibre de Hardy-Weinberg.

Mots-clés : STRs, vWA, D21S11 et FGA ; Fréquences alléliques et génotypiques ; Génétique des populations.

1 INTRODUCTION

L'ADN est présent dans tous les tissus humains, ce qui le rend facile à obtenir. Des expériences menées en 1985 par Jeffreys et ses collaborateurs, au cours desquelles des séquences répétées de nucléotides variables "en tandem", appelées VNTR, ont été identifiées lors d'un criblage avec des enzymes de restriction dans une bibliothèque génomique humaine, ont permis de constater que, bien que la majorité du génome humain soit identique chez tous les individus, il existe des régions de grande variation. Cette variation peut se produire dans n'importe quelle partie du génome, en particulier dans des zones qui ne codent pas pour des protéines et qui sont donc neutres du point de vue de l'évolution. À cette occasion, l'expression "empreinte génétique" a été utilisée pour la première fois, dans le sens où il s'agissait de la méthodologie naissante capable d'individualiser un profil génétique unique.

L'observation de ces modèles avec des fréquences variables dans différentes populations a donné naissance au concept de marqueurs moléculaires, ou marqueurs génétiques qui proviennent de variations dans le code du matériel génétique (génome) et qui ségrégent au fil des générations selon le modèle d'hérédité mendélienne, liés à des caractères monogéniques ou qui présentent une distribution comparable à celle attendue pour les caractères polygéniques, sans qu'aucune valeur sélective ne soit observée (FERREIRA E GRATTAPALIA, 1998).

Les marqueurs moléculaires peuvent être utilisés pour diverses applications, telles que la caractérisation des maladies génétiques et des nouveaux médicaments, l'identification des individus dans le cadre de la génétique médico-légale et les tests de paternité.

Des séquences connues sous le nom de STR *(Short Tandem Repeats)* ont également été trouvées dans les molécules d'ADN. Les séquences STR comportent des unités répétitives dans une séquence dont la taille varie de 2 à 7 paires de bases et constituent des régions microsatellites de l'ADN, dont la détection dépend de l'amplification par la technique PCR, une réaction de polymérisation en chaîne dirigée par une enzyme ADN polymérase thermorésistante.

4

L'analyse des séquences STR dans l'ADN humain présente des avantages par rapport aux polymorphismes trouvés par VNTR en raison de leur taille plus petite. Grâce à cette caractéristique, les régions STR restent intactes même dans les molécules d'ADN présentant un degré élevé de dégradation, comme celles obtenues à partir de la plupart des preuves biologiques collectées "post-mortem" ou sur les scènes de crime, telles que les cheveux, la salive, le sang et le sperme déshydraté.

Figure 1 : A) Représentation d'un STR dans un segment d'ADN. B) Représentation d'un locus génétique hétérozygote (rouge) montrant différents profils alléliques pour un STR.

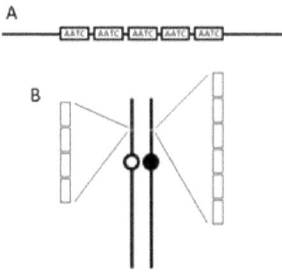

Source : Wikipedia.

Ainsi, chaque individu recevant un allèle de son père et l'autre de sa mère, la comparaison des *loci* hypervariables de la personne analysée avec ceux de son père supposé et confirmée avec ceux hérités de sa mère est un moyen très discriminant de déterminer s'il existe ou non un lien génétique entre eux.

Des centaines de *loci* STR ont déjà été identifiés et des systèmes commerciaux sont actuellement utilisés, consistant en des ensembles de marqueurs (CODIS, NGM, IDENTIFILER, entre autres) spécifiques à l'identification humaine qui offrent un degré élevé de certitude.

2 CADRE THÉORIQUE

2.1. HISTOIRE DES TESTS DE PATERNITÉ ET DE L'UTILISATION DE L'ADN COMME MATÉRIEL MÉDICO-LÉGAL.

À partir des années 1990, la synthèse chimique d'amorces de réplication de la région STR avec des cibles marquées par différents fluorophores a donné une grande souplesse au typage de l'ADN humain, qui n'en était encore qu'à ses débuts à l'époque. Des méthodologies ont été mises au point pour l'amplification simultanée de diverses séquences polymorphes STR à l'aide de la technique PCR, et les divers produits d'amplification, ou allèles STR, ont été détectés après séparation sur des gels de polyacrylamide ou par électrophorèse capillaire dans des séquenceurs automatiques.

En réalité, cette dernière étape a été l'automatisation presque complète des procédures techniques liées à l'identification humaine par l'ADN, ce qui a permis dans plusieurs pays de produire des bases de données contenant des profils alléliques d'individus soupçonnés d'être liés à des crimes, ainsi qu'une définition rapide de l'existence ou non d'un lien génétique, notamment de paternité, entre les parties à des litiges juridiques.

Le typage ADN des individus a rapidement été associé au domaine juridique, car il permettait de déterminer sans équivoque l'origine de tout matériel biologique humain. La méthodologie est devenue un outil important dans la production de preuves dans les litiges juridiques civils et pénaux, ayant un grand pouvoir et une grande pertinence pour les pouvoirs judiciaires et exécutifs.

Au début des années 1990, l'ADN mitochondrial, héritage exclusivement maternel à localisation extra-nucléaire, est entré dans l'arsenal biotechnologique utilisé pour l'identification humaine. La molécule d'ADN mitochondrial contient 16 569 paires de bases et a été entièrement séquencée par Anderson et ses collaborateurs en 1981. Les identifications basées sur l'ADN mitochondrial consistent à séquencer et à comparer deux régions hypervariables, appelées HVI et HVII, présentes dans cet ADN, en utilisant comme référence la séquence standard publiée par Anderson et al. En connaissant la séquence des bases d'un ADN mitochondrial obtenu à partir d'un échantillon biologique d'origine inconnue et en la comparant à celles des

ADNmt de ses parents maternels présumés, il est possible d'identifier l'individu dont provient l'échantillon biologique en question.

Les STR sur le chromosome Y sont également largement utilisés dans l'identification de l'ADN humain, car ils présentent des caractéristiques particulières qui les rendent très importants, notamment dans les enquêtes de paternité. Comme il n'y a pas de recombinaison pendant la méiose, en raison de l'absence de chromosomes homologues, tous les membres masculins d'une même famille ont les mêmes allèles, qui sont hérités en blocs ; ce type d'héritage est appelé héritage haplotypique, et l'ensemble des allèles est appelé haplotypes.

Dans les années 1990, avec la popularisation du test de réaction en chaîne *par polymérase* (PCR), des techniques de plus en plus sensibles ont été développées, capables d'identifier la diversité des échantillons biologiques avec peu d'ADN.

2.2. INDEX ET STRUCTURE DE LA BASE DE DONNÉES - CODIS

CODIS, ou Combined DNA Index System, est la première base de données ADN codée créée par le FBI à l'aide de marqueurs moléculaires. Il s'agit d'un système informatisé qui stocke les profils ADN créés par les laboratoires d'analyse criminelle aux États-Unis et qui permet d'effectuer des recherches dans la base de données afin d'identifier des personnes soupçonnées d'infractions pénales.

La loi de 1994 sur l'identification par l'ADN a officiellement autorisé le FBI à gérer le système CODIS et à établir des normes nationales pour réglementer les tests d'ADN en criminalistique. Le système CODIS est devenu pleinement opérationnel en 1998 et s'est lentement étendu à un mode de fonctionnement universel, complété en Europe par deux autres marqueurs moléculaires, D2S1338 et D19S433.

Enquête de paternité. Représentation procédurale du demandeur. Instrument privé. Preuve. Test génétique (ADN). Jugements déclaratifs. Amende en vertu de l'article 538, alinéa unique, du code de procédure pénale. La mère du mineur impur, la demanderesse, peut désigner un avocat par acte sous seing privé, puisqu'elle est majeure et capable. Il est toujours conseillé de procéder à une expertise pour la recherche génétique (HLA et ADN), car elle permet au juge de porter un jugement de très grande probabilité, voire de certitude, mais elle n'est pas indispensable à la procédure, ni une condition pour juger du bien-fondé de l'action, parce que les difficultés d'exécution sont connues, en raison de l'opposition ou du manque de moyens du défendeur, de l'allégation du plurium concubentium comme moyen de défense et de la charge de la preuve du défendeur, de l'exclusion de l'amende prévue à l'alinéa unique de l'article 538 du CPC, en raison de l'absence de justification, de l'appel connu et confirmé en partie (SUPERIOR COUR OF JUSTICE, 1994).

L'utilisation du système STR- CODIS présente de nombreux avantages. Le système CODIS a été largement adopté par les analystes d'ADN de la police scientifique. Les allèles STR peuvent être rapidement déterminés à l'aide de kits disponibles dans le commerce.

Les allèles STR sont discrets et se comportent selon les principes connus de la génétique des populations. Les données sont numériques et donc idéales pour les bases de données informatiques.

Des laboratoires du monde entier contribuent à l'analyse des fréquences des allèles STR dans différentes populations humaines, ce qui permet d'établir des comparaisons entre les différentes populations.

2.3. MARQUEURS MOLÉCULAIRES

Le système CODIS identifie 13 marqueurs principaux, et aujourd'hui il y a beaucoup plus de marqueurs qui peuvent être déterminés, bien que parmi les 13 marqueurs il y ait une meilleure connaissance de leurs fréquences mondiales.

Des centaines de *loci* STR ont déjà été identifiés et des systèmes commerciaux composés d'ensembles de marqueurs (CODIS, NGM, IDENTIFILER, entre autres) spécifiques à l'identification humaine sont actuellement utilisés, avec un degré élevé de fiabilité (BONACCORSO, 2005).

Lorsque des paires d'oligonucléotides sont incluses pour plusieurs segments de gènes qui sont amplifiés simultanément, on parle de PCR multiplex.

La figure 2 montre la localisation et la nomenclature de ces marqueurs sur les chromosomes.

Figure 2 : Les 13 marqueurs CODIS et leur emplacement sur les chromosomes.

8

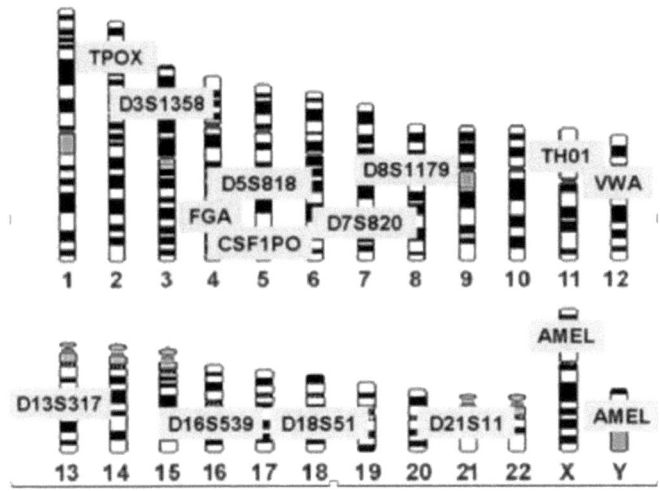

Source : NIST, 2016.

L'utilisation de ces marqueurs a permis d'alimenter et de constituer des bases de données démographiques et régionales, ainsi que de procéder à l'identification humaine.

Le marqueur vWA est un STR situé sur le bras court du chromosome 12 avec des répétitions de bases tétranucléotidiques (AGAT) et est associé au gène du facteur Von Willebrand, le facteur de coagulation humain responsable de l'hémostase primaire (NIST, 2016).

Ces dernières années, il a été établi que les variants non codants peuvent être en déséquilibre de liaison (LD) avec les variants codants jusqu'à plusieurs milliers de paires de bases, formant ainsi des blocs d'haplotypes. Le gène vWA fait partie d'un *intron du facteur* von Willebrand (VWF) qui interagit avec ses récepteurs plaquettaires, via la glycoprotéine (GP) Ib-IX-V et l'intégrine αIIbβ3, dans la promotion de l'adhésion plaquettaire primaire et de l'agrégation après une lésion vasculaire, où plusieurs haplotypes ont été observés. Cependant, il ne semble pas y avoir de preuve de recombinaison dans les 3 kb de vWA (LAIRD, R, SCHNNEIDER, P. M, GAUDIERI, S. 2007), ce qui n'expliquerait pas le déséquilibre de Hardy-Heinberg.

Le marqueur D21S11 est un STR situé sur le bras long du chromosome 21 et

9

présente des répétitions de bases tétranucléotidiques (TCTA), qui ne sont pas encore associées à un gène codant spécifique. Il s'agit d'un allèle très polymorphe avec 44 allèles décrits dans la littérature (GRIFFTHS, 2009 ; NIST, 2016).

La trisomie 21 ou syndrome de Down est le syndrome le plus fréquent chez l'homme. Le marqueur ADN STR polymorphe D21S11 est utile pour déterminer le nombre de chromosomes 21 dans les cellules fœtales. La sensibilité élevée et l'automatisation des procédures laissent entrevoir de bonnes perspectives pour l'utilisation de cette méthode dans la détection prénatale du syndrome de Down fœtal (LIOU. et al, 2004).

Le marqueur FGA est un STR situé sur le bras long du chromosome 4 et est associé au gène du fibrinogène alpha humain (NIST, 2016).

FGA STR est l'intron 3^0 du gène de la chaîne alpha du fibrinogène (FGA) qui est clivé par la protéase thrombine pour produire des monomères qui, avec le fibrinogène bêta (fgb) et le fibrinogène gamma (fgg), se polymérisent pour former une matrice de fibrine insoluble. La fibrine joue un rôle clé dans l'hémostase en tant que l'un des principaux composants des caillots sanguins. En outre, elle intervient au cours des premières étapes de la réparation des plaies pour stabiliser la lésion et guider la migration des cellules au cours de la réépithélialisation. On pensait à l'origine qu'il était essentiel à l'agrégation plaquettaire, sur la base d'études in vitro utilisant du sang anticoagulé. Le fibrinogène maternel est essentiel au bon déroulement de la grossesse. Le dépôt de fibrine est également associé à l'infection, où il protège contre les hémorragies provoquées par l'IFNG (interféron gamma). Il peut également faciliter la réponse immunitaire par des voies innées et médiées par les cellules T.

2.4. LA FORCE STATISTIQUE D'UN PROFIL STR-13

Comme son nom l'indique, un STR contient des unités d'une courte répétition (généralement trois ou quatre nucléotides) d'une séquence d'ADN. Le nombre de répétitions au sein d'un STR est appelé allèle. Par exemple, le STR connu sous le nom de D7S820, qui se trouve sur le chromosome 7, contient entre 5 et 16 répétitions GATA. Il existe donc 12 allèles différents pour le STR D7S820. Une personne présentant les allèles 10 et 15 de la STR D7S820, par exemple, aurait hérité d'une copie de la STR D7S820 avec 10 GATA d'un parent et d'une copie de la STR D7S820 avec 15 GATA de l'autre parent. Comme il existe 12 allèles différents pour ce STR, il y a donc 78 génotypes différents possibles, ou paires d'allèles. Plus précisément, il y a 12 homozygotes, qui reçoivent le même allèle de chaque parent, et 66 hétérozygotes, dont les deux allèles sont différents (LEITE, H. R. F. 2013).

Aux États-Unis, le profilage STR est un moyen d'identification largement utilisé, et cette technologie est désormais couramment employée pour identifier des restes humains, pour établir ou exclure la paternité, ou pour déterminer un suspect sur une scène de crime.

Afin d'utiliser les informations relatives aux STR comme moyen d'identification humaine, le FBI a établi la fréquence à laquelle chaque allèle de chacune des 13 STR se retrouve naturellement chez des personnes d'origines ethniques différentes. À cette fin, le FBI a analysé des échantillons d'ADN provenant de centaines de personnes caucasiennes, afro-américaines, hispaniques et asiatiques sans lien de parenté. En supposant que les 13 STR suivent le principe de ségrégation indépendante, qu'ils sont largement répartis dans le génome et que la population a été accouplée au hasard, un calcul statistique basé sur les fréquences des allèles STR déterminées par le FBI révèle que la probabilité que deux personnes caucasiennes non apparentées aient des profils STR identiques, ou ce que l'on appelle des "empreintes génétiques", est d'environ 1 sur 575 billions (JEFFREYS, 2005).

2.5. STRUCTURE GÉNÉTIQUE DES POPULATIONS HUMAINES

Rosenberg et al. (2002) ont étudié la structure des populations humaines en utilisant les génotypes de 377 loci microsatellites autosomiques dans 52 populations et ont identifié six groupes génétiques principaux, dont cinq correspondent aux principales régions géographiques : Afrique subsaharienne, Amériques, Océanie, Asie de l'Est et Eurasie (Europe, Moyen-Orient, Asie centrale et Asie du Sud) et des *sous-groupes* qui correspondent souvent à des populations individuelles. Ces travaux suggèrent que la connaissance de l'ascendance peut faciliter l'évaluation des risques épidémiologiques.

2.6. utilité du test de paternité

Les améliorations apportées aux techniques de biologie moléculaire au cours des dernières décennies ont permis de déterminer la paternité en utilisant l'ADN des grands-parents, des cousins ou même de la salive laissée sur une tasse de café jetée au rebut. Ces tests ADN sont évidemment un élément important des enquêtes criminelles, y compris des analyses médico-légales, mais ils sont également utiles devant les tribunaux civils lorsque la paternité d'un enfant est remise en question.

Dans des applications plus larges, les progrès des tests de paternité signifient que les personnes qui ont été adoptées disposent désormais de moyens plus directs pour confirmer leur identité biologique, retrouver leurs parents biologiques ou déterminer leurs origines ethniques.

2.7. GÉNÉTIQUE MÉDICO-LÉGALE AU BRÉSIL

Le Secrétariat national à la sécurité publique met en œuvre la base de données criminelle nationale des profils génétiques, à l'instar du système américain CODIS, qui stocke des données sur les criminels condamnés, et du système européen FENIX, qui contient le profil génétique de milliers de personnes disparues. Ces outils accélèrent l'échange d'informations entre les institutions de tout le pays et facilitent la résolution de diverses affaires. Au Brésil, la mise en œuvre de cette base de données entraînera une augmentation de la demande dans les laboratoires médico-légaux, puisqu'elle permettra, par exemple, d'identifier un criminel en analysant une seule goutte de sang trouvée sur une scène de crime (EXCOFFIER2005).

Étant donné que la technologie du profilage génétique s'est déjà avérée extrêmement efficace dans plusieurs pays, notamment aux États-Unis et au Royaume-Uni, son impact sur la promotion de la justice et la lutte contre l'impunité a été un facteur déterminant pour sa mise en œuvre au Brésil.

Les efforts déployés pour développer la génétique médico-légale sur la scène nationale ont abouti, en 2009, à la signature d'une déclaration d'engagement pour l'utilisation du logiciel CODIS au Brésil. En 2010, la plus grande installation du programme CODIS en dehors des États-Unis a eu lieu, comprenant 15 laboratoires d'État, un laboratoire fédéral, ainsi que les banques nationales pour CODIS 5.7.4 (criminel) et CODIS 6.1 (personnes disparues). Cette structure de laboratoires et de banques a été baptisée Réseau intégré de banques de profils génétiques (RIBPG).

La loi n° 10.317 du 6 décembre 2001 prévoit l'octroi d'une aide juridique aux personnes ayant besoin d'un test ADN, à leur demande, dans les cas de recherche de paternité ou de maternité.

Le Président de la République

Je déclare par la présente que le Congrès national a promulgué et je sanctionne par la présente la loi suivante :

Art. 1 L'article 3 de la loi 1.060 du 5 février 1950 entre en vigueur avec l'ajout du point VI suivant :

"Art. 3.

VI - Les frais de réalisation du test de code génétique - ADN - demandé par l'autorité judiciaire dans les actions en recherche de paternité ou de maternité..." (NR)

Art. 2 La présente loi entre en vigueur à la date de sa publication.

Brasilia, 6 décembre 2001 ; 180e anniversaire de l'indépendance et 113e anniversaire de la République (Présidence de la République, 2001).

En 2009, la loi n° 12 004 réglementant la recherche de paternité avait déjà établi la présomption de paternité face au refus du père présumé de se soumettre au test ADN.

Le Président de la République

Je déclare par la présente que le Congrès national a promulgué et je sanctionne par la présente la loi suivante :

Art. 1° Cette loi établit la présomption de paternité en cas de refus du père présumé de se soumettre à un test de code génétique - ADN.

Art. 2° La loi n°° 8.560, du 29 décembre 1992, entre en vigueur avec l'ajout de l'art. 2 -A :°

"Art. 2 -A.° Dans l'action en recherche de paternité, tous les moyens légaux, ainsi que les moyens moralement légitimes, seront utilisés pour prouver la vérité des faits.

Paragraphe unique. Le refus du défendeur de se soumettre au test du code génétique - ADN - fait naître une présomption de paternité, à apprécier en fonction du contexte probatoire. "

Art. 3 °La loi n°° 883 du 21 octobre 1949 est abrogée.

Art. 4° La présente loi entre en vigueur à la date de sa publication.

Brasilia, 29 juillet 2009 ; 188° da Independência e 121° da Repùblica (Présidence de la République, 2009).

En 2012, l'ordonnance fédérale n° 12 654 a été adoptée, réglementant la collecte de profils génétiques comme forme d'identification criminelle, de sorte qu'un profil génétique puisse être établi pour chaque individu, permettant également la création d'une base de données avec des profils génétiques criminels stockés afin d'aider à identifier ces individus, facilitant ainsi la détermination de l'auteur des crimes ainsi que l'élimination des suspects potentiels.

LA PRÉSIDENTE DE LA RÉPUBLIQUE, dans l'exercice des pouvoirs qui lui sont conférés par l'article 84, **caput,** points IV et VI, alinéa "a", de la Constitution, et vu les dispositions de la loi n° 12.654, du 28 mai 2012,

DÉCRET :

Art. 1. La Banque nationale de profils génétiques et le Réseau intégré de banques de profils génétiques sont institués au sein du ministère de la Justice.

§ Paragraphe 1 La Banque nationale des profils génétiques a pour objet de conserver les données relatives aux profils génétiques collectées pour subventionner des actions visant à enquêter sur des délits.

§ Paragraphe 2 Le Réseau intégré de banques de profils génétiques a pour objet de permettre l'échange et la comparaison des profils génétiques contenus dans les banques de profils génétiques du gouvernement fédéral, des États et du District fédéral.

§ Paragraphe 3 Les États et le District fédéral rejoindront le réseau intégré par le biais d'un accord de coopération technique entre l'unité fédérale et le ministère de la justice.

§ Paragraphe 4 La banque nationale de profils génétiques sera créée au sein de l'unité médico-légale officielle du ministère de la justice et administrée par un expert pénal fédéral qualifié ayant une expérience avérée en génétique, nommé par le ministre d'État à la justice.

Paragraphe unique. La comparaison des échantillons et des profils génétiques donnés volontairement par les parents de sang des personnes disparues sera utilisée exclusivement pour l'identification de la personne disparue, et leur utilisation à d'autres fins est interdite. Brasília, 12 mars 2013 ; 192e de l'Indépendance et 125e de la République (Présidence de la République, 2013).

2.8 MÉTHODES D'ANALYSE DES LOCI STR CODIS 13

Pour effectuer une analyse d'ADN en criminalistique, un nanogramme d'ADN suffit généralement à fournir de bonnes données. Les 13 principales STR ont une longueur comprise entre 100 et 300 bases, ce qui permet d'analyser de manière satisfaisante des échantillons d'ADN même partiellement dégradés. Il existe aujourd'hui des tests multiplexes commerciaux qui permettent de réduire considérablement les coûts d'analyse, tant en termes de temps que de réactifs, en amplifiant les 13 STR en seulement deux réactions PCR.

Lorsque l'on tente d'établir une correspondance entre des éléments de preuve recueillis sur une scène de crime et un suspect, le profil allélique des 13 STR clés est déterminé à la fois pour l'échantillon de preuve et pour l'échantillon du suspect. Si les allèles STR ne correspondent pas entre les deux échantillons, la personne sera exclue de la scène de crime. En revanche, si les 13 allèles STR des deux échantillons concordent, un calcul statistique est effectué pour déterminer la fréquence à laquelle ce génotype est observé dans la population. Ce calcul de probabilité tient compte de la fréquence de chaque allèle STR dans le groupe ethnique de l'individu. Étant donné la fréquence de chaque allèle STR dans la population, le calcul de l'équilibre de Hardy-Weinberg donne la fréquence du génotype observé pour chaque STR. En multipliant toutes les fréquences des génotypes STR individuels, on obtient la fréquence du profil global et la probabilité que l'individu soit le criminel. Les tests génétiques actuels ont un taux de précision allant jusqu'à 99,99 %, soit 9 999 sur 10 000 (NORRGARD, 2008).

Il existe désormais des kits commerciaux qui utilisent des molécules fluorescentes liées de manière covalente à l'amorce d'analyse. Cela permet d'augmenter le nombre de loci différents pouvant être analysés dans une seule réaction PCR en utilisant plusieurs jeux d'amorces de couleurs fluorescentes différentes.

2.8. EXEMPLE DE PROFIL D'ADN : UN LOCI DE 13 BRINS DE CODIS

Dans le cadre de sa formation et des tests de compétence pour l'analyse des polymorphismes STR, Bob Blackett, scientifique de la police scientifique et analyste de l'ADN, a créé un profil ADN à partir de son propre ADN en 1997 (DOLINSKY, 2007).

Le tableau 1 présente le profil ADN de Blackett pour les 13 gènes codis de la base de données nationale américaine - CODIS.

Tableau 1 : Profil ADN de Blackett pour les 13 loci génétiques de la base de données nationale américaine
- CODIS.

Localisation	Génotype	Fréquence
D3S1358	15, 18	8,2%
APV	16, 16	4,4%
FGA	19, 24	1,7%
D8S1179	12, 13	9,9%
D21S11	29, 31	2,3%
D18S51	12, 13	4,3%
D5S818	11, 13	13%
D13S317	11, 11	1,2%
D7S820	10, 10	6,3%
D16S539	11, 11	9,5%
THO1	9, 9.3	9,6%
TPOX	8, 8	3,52%
CSF1PO	11, 11	7,2%
AMEL	XY	(Homme)

Pour chaque locus génétique, Blackett a déterminé son génotype et la fréquence attendue de son génotype à chaque locus dans un échantillon représentatif de la population. Par exemple, au locus génétique connu sous le nom de "D3S1358", Blackett a le génotype "15, 18". Ce génotype est partagé par environ 8,2 % de la population. En combinant les informations sur la fréquence des 13 loci CODIS, on peut calculer que la fréquence de son profil serait de 1 sur 7,7 quadrillion de

Caucasiens (1 sur 7,7 fois 10 à la 15e puissance[a]).

CONTEXTE

La Rondônia ne dispose toujours pas de laboratoires fédéraux ou étatiques qui effectuent des tests de paternité.

Dans le cadre d'un effort conjoint entre UNIR et la police médico-légale de l'État, il sera possible de fournir une assistance à la fois à la population démunie qui a besoin de ces tests, au système judiciaire pour la résolution des affaires de reconnaissance de paternité, et aux affaires pénales.

3 OBJECTIFS

3.1. GÉNÉRALITÉS

Standardisation et mise en œuvre de certains marqueurs moléculaires appartenant au système CODIS pour l'analyse des fréquences alléliques et la comparaison avec d'autres populations.

3.2. SPÉCIFIQUE

Calculer les fréquences des allèles et des génotypes des STR vWA, D21S11 et FGA ;

Analyser s'ils sont en équilibre de Hardy-Weinberg ;

Vérifier l'hétérozygotie ;

Comparer avec d'autres échantillons de population dans la région.

4 MATÉRIEL ET MÉTHODES

4.1. CARACTÉRISATION DE LA POPULATION ÉTUDIÉE

Les échantillons d'ADN concernent des personnes vivant dans la municipalité de Porto Velho - RO, d'une superficie de 34 090,926 km2 située à 63° 54' 14" de longitude ouest et 08° 24' 43" de latitude sud, avec une population d'environ 428 527 habitants (Instituto Brasileiro de Geografia e Estatistica - IBGE, 2016).

Trente-trois échantillons ont été choisis dans le dépôt biologique du Centre interdépartemental de biologie expérimentale et de biotechnologie-CIBEBI de l'Université fédérale de Rondônia.

4.2. MÉTHODOLOGIE EXPÉRIMENTALE

4.2.1. Éthique de la recherche

Les modalités de réalisation de cette recherche sont conformes aux directives et aux normes qui réglementent la recherche avec des êtres humains, approuvées par la résolution n° 196, du 10 octobre 1996, du Conseil national de la santé (CNS).

4.2.2. Sélection de l'échantillon

L'ADN a été extrait d'échantillons de sang stockés au CIBEBI et provenant de groupes familiaux collectés il y a une dizaine d'années. Plus de 150 échantillons ont été sélectionnés.

4.3. EXTRACTION DE L'ADN

Les premiers échantillons d'ADN ont été extraits à l'aide de la méthode phénol-chloroforme, selon WALSH et collaborateurs (1992), avec quelques modifications. Des aliquotes de 500 µl de sang ont été transférées dans des tubes stériles et centrifugées à 10 000 x g pendant 2 min et le surnageant jeté. Du tampon de lyse (700 ml) et de la protéinase K (35 µl de 20 mg / ml) ont été ajoutés au sédiment et incubés à 56 °C sur un agitateur muni d'un régulateur de température. Après ce temps, un volume égal de 25:24:1 phénol/chloroforme/alcool isoamylique (v/v/v) a été ajouté au mélange avec une brève agitation et centrifugé à 12 000 x g et 4 °C pendant 10 minutes. La couche contenant l'ADN a été transférée dans un nouveau tube avec un volume égal d'éthanol absolu (-20 °C), et 80 µl de tampon d'acétate de sodium 3 M (pH 5,96) ont été ajoutés pour précipiter l'ADN. Les tubes ont été conservés à - 20 °C pendant 5 heures. Après centrifugation à 12 000 x g et 4 °C pendant 10 minutes, le surnageant a été jeté et 50 µl d'eau stérile ont été ajoutés pour remettre le sédiment en suspension. Le processus d'extraction a été répété, le sédiment séché et remis en suspension dans 80 µl d'eau stérile et quantifié dans un spectrophotomètre à 260 nm.

Cette méthode d'extraction étant très caustique et pouvant entraîner divers problèmes de santé pour les personnes qui la manipulent, elle a ensuite été modifiée et le QIAamp Blood DNA DSP Mini Kit a été utilisé.

Le mini kit QIAamp Blood DNA DSP est un système générique qui utilise la technologie QIAamp pour isoler et purifier manuellement l'ADN génomique à partir d'échantillons de sang humain intact, frais ou congelé, à des fins de diagnostic *in vitro*, traités à l'EDTA ou au citrate.

Le miniKit commercial est conçu pour être utilisé avec n'importe quelle application ultérieure utilisant l'amplification enzymatique ou une autre modification de l'ADN, suivie de signaux de détection ou d'amplification.

Le mini-kit QIAamp Blood DNA DSP utilise une technologie qui permet d'isoler et de purifier rapidement et facilement l'ADN génomique à partir de 200 µl d'échantillon de sang intact. L'ADN purifié fonctionne de manière fiable dans les applications ultérieures telles que la PCR.

Les procédures simples du mini kit QIAamp Blood DNA DSP ont été conçues pour permettre le traitement simultané de plusieurs échantillons de sang, produisant un ADN pur prêt à l'emploi.

Une séparation préalable des leucocytes n'est pas nécessaire. Les procédures ne nécessitent pas d'extraction au phénol/chloroforme ou de précipitation à l'alcool et ne requièrent qu'une interaction minimale avec l'utilisateur, ce qui permet de manipuler en toute sécurité des échantillons potentiellement infectieux. Les procédures ont été conçues pour éviter la contamination croisée entre les échantillons. L'ADN purifié est prêt à être utilisé pour la PCR ou d'autres applications. Il peut également être conservé à -20 °C pour une utilisation ultérieure.

La procédure pour chaque kit QIAamp Blood DNA DSP Mini consiste en 4 étapes : lyse des cellules dans les échantillons de sang, fixation de l'ADN génomique du lysat cellulaire sur la membrane de la colonne pour la centrifugation du QIAamp Mini, lavage de la membrane, élution de l'ADN génomique de la membrane.

Comme Penta E, qui a été découvert et caractérisé par les scientifiques de Promega dans le but de trouver un *site* présentant une grande variabilité et une faible formation de produits parasites (BACHER ET SCHUMM 1998 ; SCHUMM BACHER, 2001), et qui, bien qu'il ne soit pas officiellement exigé, a été largement utilisé dans les kits commerciaux.

Pour ce travail, la méthode d'extraction de l'ADN par centrifugation a été utilisée, comme décrit dans la figure 3.

Figure 3 : Procédures du QIAamp KIT

Mini procédures QIAamp DSP DNA blood

| Procédure de pivotement Procédure d'aspiration | Lire attentivement les protocoles avant de commencer à utiliser lpaqinas 20 à 23) |

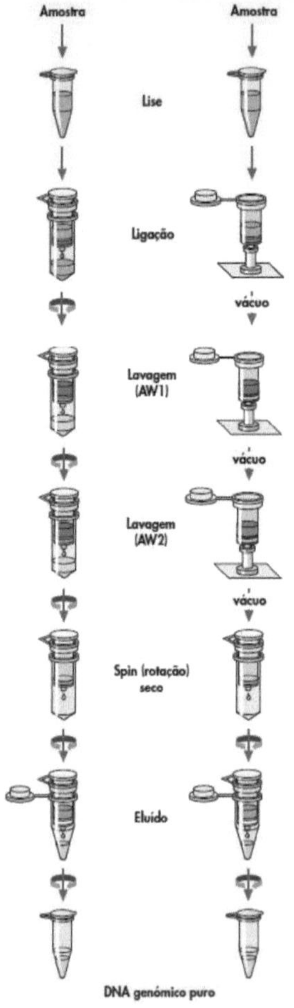

À l'intérieur du LT, ajouter 20 µl de QP, 200 µl de l'échantillon et 200 µl d'AL.

Vortex pendant 15 secondes

Incuber 10 minutes (±1 min.) à 56°C (±l° C)

Ajouter 200 µl d'éthanol

Vortex 15 secondes

Transférer le o lysat dans la colonne pour la centrifugation du mini QIAamp.

Procédure par centrifugation : centrifuger 1 min. à Qapproximativement 6000 x g

Procédure de mise sous vide : Appliquer le vide

Procédure de centrifugation : placer la colonne de centrifugation Mini QIAamp dans un nouveau WT, ajouter 500 µl d'AWI et centrifuger pendant 1 min à environ 6000 xg.

Procédure de mise sous vide : ajouter 750 µl de

AWI et appliquer le vide

Procédure de centrifugation : placer la colonne de centrifugation Mini QIAamp dans un nouveau WT, ajouter 500 µl d'AW2 et centrifuger pendant 1 min à environ 20 000 xg.

Procédure de mise sous vide : ajouter 750 µl de

AW2 et appliquer le vide

Placer la mini-colonne de centrifugation QIAamp dans un nouveau WT,

centrifuger 3 minutes à environ 20 000 x g

Placer la mini-colonne de centrifugation QIAamp dans l'ET,

Ajouter 50-200 µl d'AE et incuber pendant 1 minute

Centrifuger pendant environ 1 minute à 6000 xg

Source : Manuel du mini kit QIAamp 2014 Blood DNA DSP.

Les dernières étapes du processus d'extraction ont été modifiées car le Mini Kit est conçu pour le sang frais et n'est pas idéal pour les échantillons très anciens.

30 µl d'EA ont été ajoutés à chaque échantillon, puis incubés à 95 °C et centrifugés à 20 000 x g pendant 1 minute. Après ce processus, 30 µl supplémentaires d'EA

22

ont été ajoutés à chaque échantillon et centrifugés à 20 000 x g pendant 1 minute, après quoi les échantillons ont été conservés dans un congélateur vertical Consul à - 20 °C.

4.4. QUANTIFICATION DE L'ÉCHANTILLON

Le processus de quantification a été réalisé après l'extraction, les échantillons ont été stockés dans un conteneur avec de la glace et transportés à la Fondation Oswaldo Cruz (FIOCRUZ), où ils ont été quantifiés avec l'aide de techniciens utilisant le NanoDrop et le logiciel propre à l'équipement.

Le NanoDrop® ND-1000 (NanoDrop Technologies, Inc.) est capable de mesurer des volumes aussi petits que 2 µL de solution, sans avoir besoin de cuvettes ou de porte-échantillons, et fournit la concentration d'ADN dans l'échantillon, ainsi que sa pureté. La figure 4 présente l'équipement.

Le rapport 260/280 nm est utilisé pour estimer la pureté des échantillons d'ADN et d'ARN. Un échantillon d'ADN considéré comme pur présente un rapport compris entre 1,8 et 2,0. Si ce rapport est inférieur à ces valeurs, il peut y avoir une contamination par des protéines, du phénol ou d'autres contaminants qui absorbent fortement à 280 nm (LEHNINGER et al., 1995).

Figure 4 : NanoDrop® ND-1000

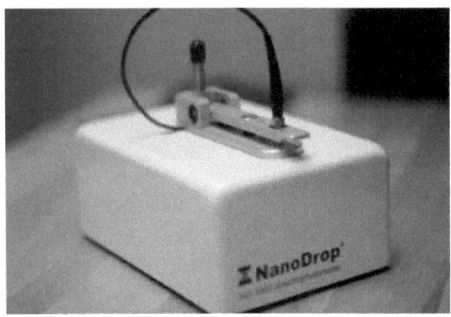

Source : www.takeitapart.com/guide/66 (2016).

Lors de l'étalonnage de l'équipement, 2 µl d'AE ont été ajoutés, puis 2 µl des échantillons. Chaque échantillon a été analysé séparément et le résultat correspondait à la quantité d'ADN en ng/µL.

La figure 5 montre une image du logiciel utilisé dans ce processus.

Figure 5 : Logiciel NanoDrop® ND-1000

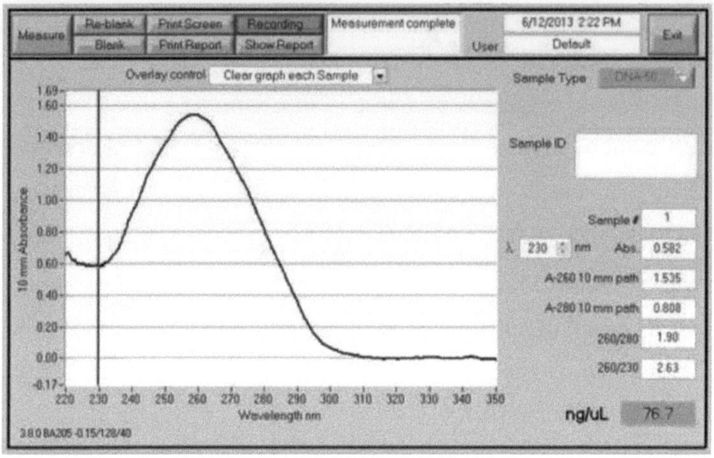

Source : L'auteur (2016).

4.5. AMPLIFICATION DES LOCI STR

Les amorces synthétisées sont conformes aux séquences décrites dans la littérature. Elles se réfèrent toutes à des CODIS à 13 ou 21 allèles.

Le principe de la PCR repose sur trois étapes de base, présentes dans toute réaction de synthèse de l'ADN, qui sont répétées plusieurs fois, par cycles :

Dénaturation thermique de la matrice d'ADN.

Des oligonucléotides synthétiques, qui servent d'initiateurs à la réaction de polymérisation, sont attachés à chaque brin de l'ADN matrice.

Polymérisation des nouveaux brins d'ADN à partir de chacune des amorces, en utilisant chacun des 4 dNTP comme substrat pour la réaction de polymérisation.

Des tests préliminaires ont été effectués afin d'optimiser les réactions pour les amorces et la concentration de la matrice. Les conditions initialement sélectionnées pour l'étude étaient les suivantes : 80 ng d'ADN matrice dans un tampon 10 X, 2 mM MgCl2, 10 mM dNTP, 1 U d'ADN polymérase Taq Platinum et 2 pmol de chaque amorce, pour un volume final de 20 uL. Le cycle de température était le suivant : 95°C pendant 10 min, 94°C pendant 1 min, température de recuit

24

optimisée pour chaque paire d'amorces pendant 1 min, 72°C pendant 1 min pour 34 cycles, avec une extension finale à 72°C pendant 30 min.

La figure 6 montre une image du thermocycleur utilisé dans ce travail.

Figure 6 : Thermocycleur avec gradient, mod. Thermocycleur 96 puits Veriti, 0.2ml

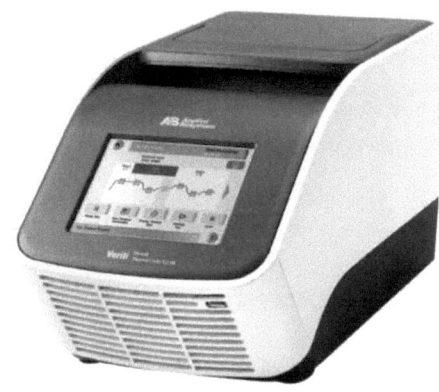

Source : L'auteur (2016).

Les résultats n'étant pas satisfaisants, la température d'amplification a été standardisée à 94 °C pendant 10 minutes lors du premier cycle. Dans le deuxième cycle, la température de dénaturation était de 94 °C pendant 1 minute et 45 répétitions. La température de recuit était de 55 °C pendant 30 secondes et la température d'extension était de 72 °C pendant 1 minute. Dans le dernier cycle, ils ont été incubés à 72 °C pendant 10 minutes et pour finaliser les résultats, ils ont été stockés à 4 °C, puis les échantillons ont été prélevés et stockés à - 20 °C dans le congélateur.

4.6. ÉLECTROPHORÈSE SUR GEL DE POLYACRYLAMIDE DÉNATURANT À 12 %.

Il s'agit d'une technique largement utilisée pour visualiser et séparer les molécules d'ADN. Cette technique permet de séparer les molécules d'ADN en fonction de leur taille (masse), de leur forme et de leur compacité. L'ADN migre dans les gels (qui servent de support) sous l'effet d'un courant électrique, qui varie selon différents profils électrophorétiques, en fonction de sa taille et de sa forme.

25

Tous les produits ont été analysés par électrophorèse sur gel de polyacrylamide dénaturant à 12%, avec un tampon 1 x TBE dans une cuve d'électrophorèse verticale avec une plaque de verre de 40 cm.

Plus la molécule est grosse, plus la friction est importante et plus la migration est lente, de sorte que des molécules de tailles différentes migrent sur des distances différentes après un certain temps (KOCH & ANDRADE, 2008), ce qui permet la détermination des allèles.

La taille des fragments amplifiés a été comparée à une échelle allélique d'ADN de 50 et 100 pb.

La figure 7 montre la cuve utilisée pour les gels de polyacrylamide et la source d'énergie utilisée pour les essais.

Figure 7 : Gel fonctionnant à 90 W dans une cuve d'électrophorèse.

Photo : L'auteur (2016).

4.7. ANALYSE STATISTIQUE

Les analyses statistiques étaient basées sur la fréquence des allèles des loci vWA, D21S11, FGA, caractérisés dans le tableau 02, qui énumère les emplacements chromosomiques, les unités répétées, la gamme de taille des allèles et les références des *loci* STR. Les échantillons de population étudiés comprenaient 33 individus des villes de Porto Velho, situées dans l'État de Rondônia. Les données ont été utilisées pour analyser la diversité génétique et l'équilibre de Hardy-Weinberg.

Le tableau 2 présente la définition et la caractérisation de chaque *locus et* sa localisation sur les chromosomes.

Voici les séquences des amorces étudiées :

vWA- F 5'CCCTAGTGGATGAAGAATAATC3'

vWA- R 5'GGACAGATGATAAATACATAGGATGGATGG3'

D21S11- F 5'ATATGTGAGTCAATTCCCCAAG3'

D21S11- R 5'TGTATTAGTCCATGTTCTCCAG3'

FGA- F 5'GCCCCATAGGTTTTGAACTCA3'

FGA- R 5'TGATTTGTCTGTAATTGCCAGC3'

Tableau 02 : Définition et caractérisation des loci

Locus STR	Localisation chromosomique	Répéter 5' 3'	Intervalle allélique	Taille de l'allèle	Référence
vWA	12q12-pter	AGAT	10-22	116-168	KIMPTON et al, 1992
D21S11	21q 11-21q21	TCTA	24-38	181-245	SHARMA et LITT, 1992
FGA	4q28	TTTC	17-46.2	260-340	MILLS et al, 1992

4.7.1 Calcul de la fréquence des allèles

Dans un échantillon de population, la fréquence d'un allèle exprime le nombre de fois où il est observé par rapport au nombre total d'allèles à un *locus* chromosomique donné (LI, 1976). Dans cette étude, les fréquences des allèles ont été estimées en comptant le nombre de fois qu'un allèle a été trouvé dans l'échantillon de population et en divisant ce nombre par le nombre total d'allèles dans la population.

Pn= ni/nj

Où ?

Pn est l'estimation de la fréquence de l'allèle i dans la population j.

Ni est le nombre d'occurrences de l'allèle i dans la population j.

Nj est deux fois plus grand que la population.

4.7.2 Calcul des fréquences génotypiques

Afin de vérifier si les fréquences alléliques et génotypiques des 03 marqueurs STR étaient conformes à celles attendues pour une population donnée de l'EHW, l'équilibre attendu a été calculé et des tests du chi carré ont été effectués pour les comparer aux résultats observés, selon la formule dans laquelle chacune des fréquences alléliques est représentée par une lettre (p, q, r...).

p^2 + 2.pq + 2.pr + 2.ps + 2.pt + 2.pu + 2.pv + 2.px + 2.pz + 2.pa + 2.pb + 2.pc + q^2 + 2.qr + 2.qs + 2.qt + 2.qu + 2.qv 2.qx + 2.qz + 2.qa + 2.qb + 2.qc + r^2 + 2.rs + 2.rt + 2.ru + 2.rv + 2.rx + 2.rz + 2.ra + 2.rb + 2.rc + s^2 + 2.st + 2.su + 2.sv + 2.sx + 2.sz + 2.sa + 2.sb + 2.sc + t^2 + 2.tu + 2.tv + 2.tx + 2.tz + 2.ta + 2.tb + 2.tc + u^2 + 2.uv + 2.ux + 2.uz + 2.ua + 2.ub + 2.uc + v^2 + 2.vx + 2.vz + 2.va + 2.vb + 2.vc + x^2 + 2.xz + 2.xa + 2.xb + 2.xc + z^2 + 2.za + 2.zb + 2.zc + a^2 + 2.ab + 2.ac + b^2 + 2.ba + 2.bc + c^2=

4.7.3 Vérification de l'équilibre de Hardy-Weinberg (HWE)

Pour vérifier si les fréquences alléliques et génotypiques des 3 *loci* SRT vWA, D21S11 et FGA étaient conformes à celles attendues pour une population de l'EHW, le test du Chi-carré (χ^2) a été effectué. Ce test analyse si les fréquences génotypiques observées s'écartent de celles attendues selon le modèle d'héritage génétique proposé par Hardy-Weinberg.

$$\chi^2 = \Sigma \ [(o - e)^2 \ /e]$$

Où ?

O = fréquence observée pour chaque classe.

E = fréquence attendue pour cette classe.

4.7.4 Vérification du degré de liberté

Le test du χ^2 a été effectué à un niveau de signification de 5% (α = 0,05) avec des degrés de liberté exprimés en soustrayant le nombre d'allèles du locus du nombre de génotypes observés.

4.7.5 Hétérozygotie observée

L'hétérozygotie observée vérifie la proportion observée d'individus hétérozygotes à un *locus* donné (BRENNER et MORRIS, 1990).

Ho = ∑ nombre d'individus hétérozygotes / nombre d'individus analysés

4.7.6 Héritabilité attendue

L'hétérozygotie attendue vérifie la proportion attendue d'individus hétérozygotes à un *locus* et a été estimée pour chaque *locus* (NEI, 1973).

He = (1 - $\sum Pi^2$) (n/n-1)

Où ?

Pi = fréquence de l'allèle i

N = nombre total d'allèles analysés

5 RÉSULTATS ET DISCUSSION

Les travaux utilisant des marqueurs génétiques en vue d'une application ultérieure dans la pratique médico-légale nécessitent le calcul de l'équilibre de Hardy - Weinberg. Si une population est en équilibre de Hardy - Weinberg, on suppose qu'elle est infinie, qu'il n'y a pas d'événements de mutation et de sélection, que les croisements sont aléatoires et que le flux génétique existant n'est pas en mesure d'altérer la composition allélique de cette population dans les générations suivantes. Ainsi, à partir des fréquences alléliques obtenues, il est possible de déterminer la proportion des différents génotypes dans la population (MARTINS, 2008, MORETTI, 2009).

Dans cette étude, trois *loci* STR (vWA, D21S11 et FGA) ont été examinés dans un échantillon de population de 33 individus de la ville de Porto Velho et les fréquences alléliques et génotypiques de chaque *locus ont été* estimées. Ces *loci* ont été choisis en raison de la distance entre leurs paires de bases : vWA, qui varie de 116 à 168 paires de bases, suivi de D21S11, qui varie de 181 à 245 paires de bases, et FGA, dont la distance varie de 260 à 340 paires de bases, ce qui a permis d'indiquer plus précisément le début et la fin de chaque système.

Les échantillons des 15 dernières années ont été séparés et conservés à - 20 °C dans le congélateur du Biorepository du laboratoire. Parmi les 150 échantillons extraits, ceux présentant les meilleurs résultats ont été sélectionnés, c'est-à-dire des échantillons avec une bonne quantité de ng/µL d'ADN (plus de 5 ng/µL).

Pour confirmer que les échantillons ont été amplifiés, ils ont été soumis à la procédure de polyacrylamide dénaturant à 12 %, comme le montre la figure 8, qui présente les échantillons amplifiés et leur emplacement.

Figure 8 : Gel de polyacrylamide dénaturant à 12%.

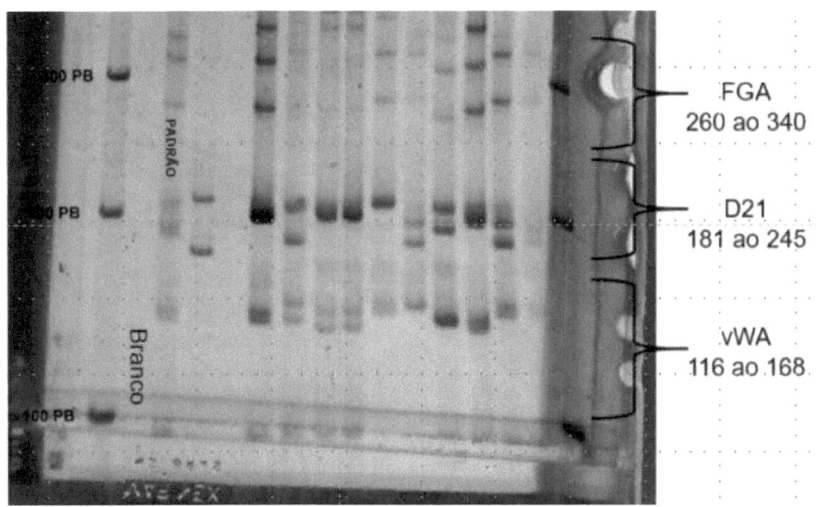

Photo : L'auteur (2016).

5.1 FRÉQUENCES OBTENUES

Bien que l'une des caractéristiques les plus importantes des microsatellites disponibles dans la littérature et utilisés dans les analyses médico-légales soit leur polymorphisme, c'est-à-dire le fait qu'ils présentent de nombreux allèles à la fois dans les populations parentales et dans celles où il y a eu métissage entre deux ou plusieurs groupes de population, pour être un bon marqueur moléculaire, un allèle doit être plus fréquent dans une population que dans une autre (FERREIRA, 2011).

Le tableau 03 présente les *loci* étudiés dans cette étude, la fréquence trouvée dans chaque *loci* et les allèles les plus fréquents.

Tableau 3 : montre l'occurrence des loci STR vWA dans la population étudiée.

vWA			
Pn	**Ni**	**Nj**	**Fréquence**
15	13	66	0,197
16	18	66	0,2727
17	22	66	**0,3333**
18	12	66	0,1818
19	1	66	0,0151

D21S11			
Pn	**Ni**	**Nj**	**Fréquence**
27	6	66	0,0909
28	13	66	0,197
29	15	66	**0,2273**
30	10	66	0,1515
31	14	66	0,2121
32	3	66	0,0454
33	5	66	0,0757

31

=GA			
Pn	Ni	Nj	Fréquence
20	3	66	0,0454
21	1	66	0,0151
22	3	66	0,0454
23	5	66	0,0757
24	14	66	0,2121
27	2	66	0,0303
28	5	66	0,0757
29	6	66	0,0909
30	2	66	0,0303
31	14	66	0,2121
32	8	66	0,1212
33	3	66	0,0454

Légende : Pn est la fréquence estimée de l'allèle i dans la population j. Ni est le nombre d'occurrences de l'allèle i dans la population j. Nj est 2x la taille de la population.

Des tests ont été effectués pour vérifier que les fréquences des allèles et des génotypes des 3 loci STR étaient conformes à celles attendues pour une population équilibrée.

Dans ce travail, les calculs du test statistique du Khi-deux ont été effectués avec un intervalle de confiance de 95% (α= 0,05 et degré de liberté exprimé par la soustraction du nombre d'allèles du *locus* génotypique observé.

5.2 FRÉQUENCES ALLÉLIQUES DE LA POPULATION ÉTUDIÉE

Les résultats présentés dans le tableau 05 montrent les fréquences alléliques estimées des trois *loci* SRT vWA, D21S11 et FGA dans l'échantillon de population. Ils indiquent également le nombre d'allèles présentés par chaque *locus* et l'étendue de ces allèles.

Les trois marqueurs autosomiques STR ont été analysés chez des individus non apparentés

Selon les résultats obtenus, nous avons une distribution différente des allèles pour chaque *locus, c'est-à-dire que* 5 allèles ont été trouvés au locus vWA, 7 allèles au locus D21S11 et 12 allèles au *locus* FGA.

Le tableau 4 donne un exemple de la répartition des allèles et de leurs fréquences respectives.

Tableau 4 : Nombre d'allèles obtenus, variation et allèles les plus fréquents.

Locus	Variation des	Nombre	Allèle le plus	Fréquence

	allèles	d'allèles	fréquent	
vWA	15-19	5	17	0,3333
D21S11	27-33	7	29	0,2273
FGA	20-33	12	24-31	0,2121

5.2.1. vWA

Des allèles allant de 15 à 19 ont été observés pour le microsatellite vWA. L'allèle le plus fréquent dans les échantillons analysés était le 17, avec 22 allèles.

L'hétérozygotie observée pour ce *loci* STR était de 0,7272. L'hétérozygotie attendue était de 0,7422.

Graphique 01 : montre le nombre d'allèles et la fréquence obtenue au *locus vWA*.

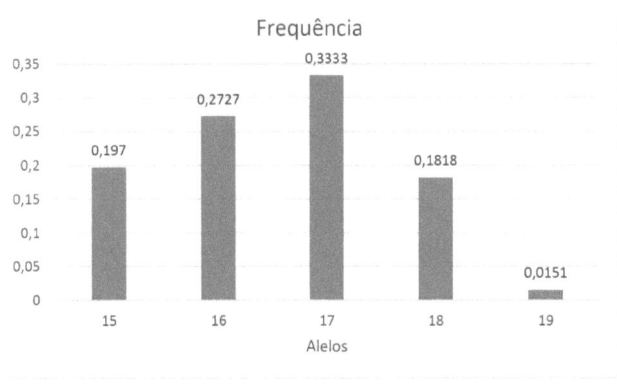

Au vWA, le χ^2 observé était de 20,2145.

Et le $\chi2$ attendu était de 18,307.

Par conséquent, la population étudiée n'est pas en équilibre de Hardy-Heinberg.

5.2.2 D21S11

Pour le microsatellite D21S11, des allèles allant de l'allèle 27 à 33 ont été observés, l'allèle 29 étant le plus fréquent. Il est apparu 15 fois dans l'échantillon de population. Il est suivi par l'allèle 31, qui apparaît 14 fois dans l'échantillon.

L'hétérozygotie observée pour ce *loci* STR était de 0,6060. L'hétérozygotie attendue était de 0,8253.

Graphique 02 : montre le nombre d'allèles et la fréquence obtenue au *locus* D21S11.

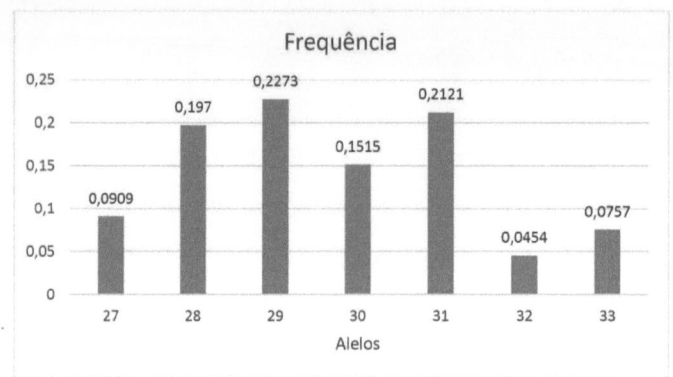

Dans le D21S11, le χ^2 observé était de 34,5798.

Et le $\chi 2$ attendu était de 33,924.

Par conséquent, la population étudiée n'est pas en équilibre de Hardy-Heinberg.

5.2.3 FGA

Pour le microsatellite FGA, des allèles allant de 20 à 33 ont été observés. Les allèles les plus fréquents sont 24 et 31, qui apparaissent tous deux 14 fois, suivis seulement par l'allèle 32, qui apparaît 8 fois dans l'échantillon de population.

L'hétérozygotie observée pour ce *loci* STR était de 0,6060. L'hétérozygotie attendue était de 0,8756.

Graphique 03 : montre le nombre d'allèles et la fréquence obtenus au *locus* FGA.

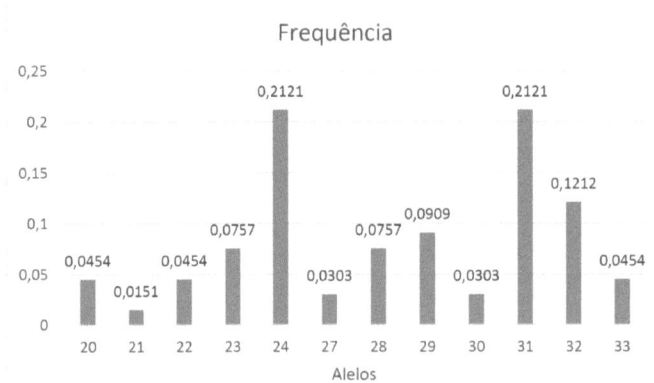

Dans le FGA, le χ^2 observé était de 124,3790.

Et le $\chi2$ attendu était de 95,965.

Par conséquent, la population étudiée n'est pas en équilibre de Hardy-Heinberg.

5.3 COMPARAISONS AVEC D'AUTRES TRAVAUX

Il s'agit de l'une des études menées dans l'État de Rondônia par l'Université fédérale de Rondônia, qui utilise les marqueurs génétiques SRT pour l'identification humaine au Laboratoire de génétique humaine (CIBEBI).

Dans cette étude, les trois *loci* STR (vWA, D21S11 et FGA) ont été étudiés dans un échantillon de population de 33 individus et la fréquence des allèles de chaque *locus a été* estimée. Dans les études analysées, les STR en commun ont été comparés et une analyse comparative a été faite avec les données obtenues.

Le travail de Netto (2005), qui a travaillé sur un échantillon de 86 individus, avec la recherche suivante : "Caractérisation génétique de 5 STR chez les Cafuzos et les Mamelucus dans la population de Porto Velho - Rondônia".

Le tableau 5 présente les résultats pour le STR D21S11. D'après les résultats obtenus, l'allèle 30 est le plus fréquent, avec une fourchette de 27 à 34 allèles.

Tableau 5 : Résultats obtenus par Netto (2005) pour la STR D21S11.

Locus	Variation des allèles	Nombre d'allèles	Allèle le plus	Ho	Il	N
			plus			

35

			fréquent		.		
D21S11	27-34	12	30	0,796	0,703	86	

Dans le travail d'Azevedo (2005), sur le thème "Analyses comparatives des fréquences de 5 loci SRT dans la population de Porto Velho et dans d'autres populations".

D'après les résultats présentés dans le tableau 6, il y a une distribution de 12 allèles pour le *locus* FGA, avec un intervalle de 18 à 31. Le *locus* vWA présent dans la population de Porto Velho est réparti entre les allèles 13 et 20.

Tableau 6 : Résultats obtenus par Azevedo (2005), pour Locus vWA et FGA.

Locus	Variation des allèles	Nombre d'allèles	Allèle le plus fréquent	Ho	Il	N
vWA	13-20	8	16	0,953	0,769	64
FGA	18-31	12	24	0,906	0,875	64

Le travail de Batista (2005), avec la recherche suivante : "Analyse des fréquences alléliques des microsatellites FGA et D3S1358 dans les communautés riveraines de Sâo Miguel et Cujubim dans la municipalité de Porto Velho - RO".

D'après les résultats du tableau 7, il y avait 9 allèles pour le *locus* FGA. L'allèle 23 est le plus fréquent.

Tableau 7 : Résultats obtenus par Batista (2005) pour les *loci* FGA.

Locus	Variation des allèles	Nombre d'allèles	Allèle le plus fréquent	Ho	Il	N
FGA	12-28	9	23	0,750	0,827	80

Le travail de Neves-Mata (2008), avec le thème suivant : "Développement d'un système de typage multiplex pour l'identification humaine par l'ADN". Dans la population des Indiens Terenas du Mato Grosso do Sul.

Les résultats sont présentés dans le tableau 8.

Tableau 8 : Résultats obtenus par Neves-Mata (2008), qui a travaillé avec les *locus* vWA, D21S11 et FGA.

Locus	Variation des allèles	Nombre d'allèles	Allèle le plus fréquent	Ho	H	N
vWA	11-21	10	16	0,598	0,665	117
D21S11	27-37	18	30 e 31	0,775	0,845	71
FGA	18-27	10	24 e 25	0,855	0,7996	117

Le travail de Castro (2013), avec le thème suivant : étude de la fréquence de 15 STR autosomiques dans la population de Paraiba.

Il a étudié les STR vWA, D21S11 et FGA, en rassemblant les résultats présentés dans le tableau 9.

Tableau 9 : Résultats obtenus par Castro (2013), qui a travaillé avec les *locus* vWA, D21S11 et FGA.

Locus	Variation des allèles	Nombre d'allèles	Allèle le plus fréquent	Ho	H	N
vWA	11-17	12	16	0,796	0,807	100
D21S11	14-27	14	17	0,834	0,848	100
FGA	15-33	21	22 e 24	0,875	0,875	100

Le travail de Resende (2016), avec la recherche : "Étude des marqueurs génétiques des systèmes CODIS et ESS dans la population immigrée du Cap-Vert vivant à Lisbonne".

Dans cette étude, le chercheur a obtenu les résultats présentés dans le tableau 10.

Tableau 10 : Résultats obtenus par Resende (2016), qui a travaillé avec les *locus* vWA, D21S11 et FGA.

Locus	Variation des allèles	Nombre d'allèles	Allèle le plus fréquent	Ho	H	N

vWA	12-20	11	16, 17	0,822	0,815	100
D21S11	15-31	20	30	0,866	0,863	100
FGA	15-33	20	24	0,888	0,876	100

De toutes les études comparées, seule l'étude de Neves-Mata (2008) a trouvé la population en équilibre avec la loi de Hardy-Weinberg avec deux marqueurs, vWA et FGA.

5.4 COMPARAISONS GÉNÉTIQUES

Les valeurs du chi carré pour les gènes vWA, D21S11 et FGA pour la population étudiée dans cette étude sont présentées dans le tableau 11.

Tableau 11 : Résultats obtenus dans cette étude.

Locus	α□□ Observé	□ DD Attendu	Degré de liberté
vWA	20,2145	18,307	10
D21S11	34,5798	33,924	21
FGA	124,3790	95,965	66

Cette estimation de la distribution allélique et génotypique pour les trois loci étudiés a montré que la population étudiée n'est pas en équilibre avec la loi de Hardy-Weinberg. Bien que les valeurs de vWA et de D21S11 soient très proches du χ^2.

Bien que la plupart des TRS soient considérés comme des *loci* neutres, c'est-à-dire qu'ils ne subissent pas de pressions de sélection, ils finissent par subir des mutations au fil du temps, qui peuvent se fixer ou rester à des fréquences variables au fil du temps. L'absence de sélection peut s'expliquer par le fait qu'il s'agit de *loci* non codants et que l'on devrait s'attendre à ce qu'ils soient en équilibre. Deux raisons principales expliquent ce résultat.

Dans cette étude, trois *loci* microsatellites ont été analysés : vWA, D21S11 et FGA. Compte tenu du grand nombre d'allèles, de nombreux génotypes ayant une fréquence très faible, inférieure à 5, l'échantillon est très subdivisé, ce qui favorise les valeurs obtenues au hasard.

L'hétérozygotie dans les gènes D21S11 et FGA était relativement faible par rapport à ce qui était attendu. Cela pourrait indiquer un accouplement préférentiel chez les individus échantillonnés. Cependant, nous ne croyons pas à cette hypothèse puisque l'échantillon a été pris au hasard. Cette déviation doit être due à la petite taille de l'échantillon. Dans le cas du gène vWA, l'hétérozygotie observée est similaire à celle attendue.

Le patrimoine génétique d'un peuple est régi par divers facteurs, influencés par des questions historiques, la proximité, les mariages mixtes, les conditions linguistiques, culturelles et sociales (CHAKRABORTY, 1992).

6 CONCLUSION

Il a été possible de faire une extraction et d'obtenir les résultats actuels.

Nos objectifs immédiats ont été atteints dans ce travail, puisque les résultats nous ont permis de conclure que le multiplex composé des trois *loci* STR utilisés était positif, après avoir été observé sur les gels et en tenant compte des critères de pureté des échantillons, de concentration des amorces et de concentration des allèles.

Les paramètres indiqués par les STR utilisés dans cette étude sont très instructifs et peuvent être utiles dans la pratique médico-légale.

Les fréquences des allèles STR sont des sources d'études dans le domaine de la biologie. Certaines d'entre elles visent à analyser des populations, ce qui permet d'obtenir des données sur l'origine et l'évolution de l'homme moderne et de déduire le degré de parenté entre les populations.

RÉFÉRENCES

ARANHA, T. H. C. Fréquences alléliques, paramètres statistiques de nature médico-légale et caractérisation ethnique de la population de Rio de Janeiro, à l'aide de polymorphismes STR. 2012. 91f. Thèse (Master en biologie cellulaire et moléculaire) - Institut Oswaldo Cruz, Programme de troisième cycle en biologie cellulaire et moléculaire. Rio de Janeiro, 2012.

AUSUBEL, F. M. Current Protocols in Molecular Biology. 3 v. 1. Ed. USA : John Wiley & Sons, Inc. (1987-1998).

AZEVEDO, L. S. D. Analyse comparative des fréquences de % des loci SRT dans la population de Porto Velho et dans d'autres populations. Thèse. Université fédérale de Rondônia, 2005, 79p.

BACHER, J., SCHUMM J. W. Development of Highly Polymorphic Pentanucleotide Tandem Repeat Loci with Low Stutter. Profils de l'ADN, 1998. Disponible à l'adresse : <www.researchgate.net/publication/259231503>. Consulté le : 01 juillet 2016.

BATISTA, R. M. Analyse des fréquences alléliques des microsatellites FGA et D3S1358 dans les communautés riveraines de Sâo Miguel et Cujumbim dans la municipalité de Porto Velho-RO. Thèse - Université fédérale de Rondônia. 2005. 53p.

BAR, W., et al. DNA recommendations. Further report of the DNA commission of the ISFH regarding the use of short tandem repeat systems, International Society for Forensic Haemogenetics, International Journal of Legal Medicine, v. 110, p.175-176, 1997.

BARCELOS, R. S. Genetic contribution of urban populations in the Brazilian Centre-West region estimated by uniparental markers. 2006. 170f. Thèse (Doctorat en biologie animale) - Université de Brasilia - UnB. Brasilia, 2006.

BRENNER, C., MORRIS, J. Paternity index calculations in single locus hyper variable DNA probes : validation and other studies. In : INTERNATIONAL

SYMPOSIUM ON HUMAN IDENTIFICATION, Madison, 1990. Proceedings. Madison : Promega, 1990. p.21-53.

BONACCORSO, N. S. Aspects techniques, éthiques et juridiques liés à la création d'une base de données d'ADN criminel au Brésil. 2010. 262f. Thèse (Doctorat en droit pénal) - Université de Sâo Paulo - USP, Sâo Paulo, 2010.

BONACCORSO, N. S. Aplicação do exame de DNA na elucidação de crimes. São Paulo. Mémoire de maîtrise - Faculté de droit. Université de São Paulo. 2005. 156p.

BRISIGHELLI, et al. Allele frequencies of fifteen STRs in a representative sample of the Italian population. Forensic Science International : Genetics, 2009. v.3, n.2, p.e29- e30.

BROD, J.A. Statistiques pour le géotraitement. Document pour le cours de troisième cycle en géotraitement à l'Université de Brasilia - UnB. 2004.

CASTRO, S. G. Étude de fréquence de 15 STR autosomiques dans la population de Paraiba. Université fédérale de Paraiba. 2013.

CERDA-FLORES, R. M. et al. Maximum likelihood estimates of admixture in northeastern Mexico using 13 short tandem repeat loci. 2002.

CHAKRABORTY, R. Sample size requirements for addressing the populatuon genetic issues of forensic use of DNA typing. Biologie humaine. 1992. V. 64, n 2, p. 141-159.

DOLINSKY LC, PEREIRA LMCV. Forensic DNA. Saùde e ambiente em Revista, Duque de Caxias. 2007. v.2, n.2, p.11-22, jul-dez.

EXCOFFIER, L., FERREIRA, M.E. Introduction à l'utilisation des marqueurs moléculaires dans l'analyse génétique. Génomique humaine. Brasilia : EMBRAPA-CENARGEN, 2005. 220p.

FERREIRA, L. V Estimation des fréquences alléliques des 15 marqueurs autosomiques STR CODIS dans la population de Goiânia au Brésil central. 2011.

Université catholique pontificale de Goiás - PUC, Goiânia, 2011. 86f.

FERREIRA, M.E. ; GRATTAPAGLIA, D. Introdução ao uso de marcadores moleculares em análisis genètica. 2 ed. Brasilia : Embrapa-Cenargen, 1998. 220 p.

FIGUEIREDO, H. F. Évaluation des fréquences alléliques de 15 marqueurs STR dans la population des personnes nées dans l'État du Mato Grosso do Sul. Thèse (Master en biotechnologie) - Université catholique Joâo Bosco. Campo Grande/PB, 2009. 53f

FRAIGE, K., et al. Analysis of Seven STR Human loci for Paternity Testing by Microchip Electrophoresis Braz. Arch. Biol. Technol, 2013. 56 (2) : 213-221. System). Disponible à l'adresse : http://www.fbi.gov/hq/lab/codis/index1.htm. Consulté le : 22 juin 2015.

FRANÇA, Genival Veloso de, Medicina legal. 9ème édition, Rio de Janeiro : Guanabara-Kogan, 2001.

FRANCEZ, et al. Fréquences alléliques et données statistiques obtenues à partir de 12 codis STR dans une population métissée de l'Amazonie brésilienne. Genetic Molecular Biology, 2011. v.34, n.1, p.35-39.

GRATTAPAGLIA, D. et al. Base de données de la population brésilienne pour 13 loci STR des kits multiplex AmpFISTR®, Profiler Plus™ et Cofiler™. Forensic Science International, v.118, n.1, p.91-94, avril 2001.

GRIFFITHS, A. J. F et al. Introduction à la génétique. Traduit par P. A. Motta. 9ème édition, Rio de Janeiro : Guanabara Koogan, 2009.

HARES, D.R. Expanding the CODIS core in the United States. Forensic Science Int ernational Genetics, v.6, n.1, p.52-54, 2012.

JEFFREYS, A. J. et al. Individual-specific "fingerprints" of Human DNA. Nature. 1985.

JEFFREYS, A., NORRGARD, K. Forensics, DNA fingerprinting, and CODIS Genetic Fingerprinting. Nat Med. Nature Education, 2005.

KIMPTON, C. P. et al. A further tetranucleotide repeat polymorphism in the vWF gene. Hum Mol Genet 1992;1 : 287.

LAIRD R, SCHNEIDER P. M, GAUDIERI S. Forensic Sci Int Genet. Forensic STRs as potential disease markers : a study of VWA and von Willebrand's Disease. 2007 Dec;1(3-4):253-61.

LEHNINGER, A. L. ; NELSON, D. L. Principes de biochimie. Traduit par W.R. Loodi et A. A. Simoes. Sao Paulo : Sarvier. Traduction de : Principes de biochimie. 1995. 839 p.

LEITE, H. R. F. Importance médico-légale des marqueurs utilisés dans les tests de paternité. Portugal. 2013.

LI, W. H. Distribution of nucleotide differences between two rondomly chosen cistrons in a subdivided population : the finite island. Modelling. Theor Popul. Biol. 1976. 10 (3) : 303-8.

LIOU, J. D. et al. Human Chromosome 21-Specific DNA Markers Are Useful in Prenatal Detection of Down Syndrome. 2004.

MARTINS, J. A. Étude de la fréquence allélique des STR du chromosome X dans la population brésilienne d'Araraquara. Universidade Estadual Paulista de Jûlio de Mesquita Filho - UNESP, Araraquara/SP. 2008.

MILLS, K. A., et al. Tetranucleotide repeat polymorphism at the human alpha fibrinogen locus (FGA). Hum Mol Genet 1992;1 : 779.

MORETTI, T. Identification humaine : une proposition méthodologique pour l'obtention d'ADN à partir d'os et la mise en œuvre d'une base de données des fréquences alléliques des STR autosomiques dans la population de Santa Catarina. Université fédérale de Santa Catarina - UFSC, Florianópolis. 2009.

Institut national des normes et de la technologie - NIST. Disponible à l'adresse : www.nist.gov. Consulté le : 10 janvier 2016.

NEI, M. Analyse de la diversité génétique dans des populations subdivisées.

Proceedings of the National Academy of Sciences of the United States of America. 1973. v.70, p.3321 3323.

NEVES-MANTA, F. S. Thèse. Développement et validation d'un système de typage multiplex pour l'identification humaine par l'ADN. Centre biomédical de l'Université d'État de Rio de Janeiro, Faculté des sciences médicales. 2008, 173 p.

NETTO, O. R. T. Caractérisation génétique de 5 STR de Cafuzos et Mamelucos dans la population urbaine de Porto Velho - Rondônia. Dissertation. Université fédérale de Rondônia. 2005, 71p.

Présidence de la République. Loi n° 10.317, du 6 décembre 2001. Disponible sur : http://www.planalto.gov.br/ccivil_03/leis/LEIS_2001/L10317.htm. Consulté le : 23 février 2016.

Présidence de la République. Loi n° 12.004, du 29 juin 2009. Disponible à l'adresse : http://www.planalto.gov.br/ccivil_03/_ato2007-2010/2009/lei/l12004.htm. Consulté le : 23 février 2016.

Présidence de la République. Loi n° 12.654, du 28 mai 2012. Disponible à l'adresse : http://www.planalto.gov.br/ccivil_03/_ato2011-2014/2012/lei/l12654.htm. Consulté le : 23 février 2016.

Présidence de la République. Décret n° 7.950, du 12 mars 2013. Disponible à l'adresse : http://www.planalto.gov.br/ccivil_03/_Ato2011-2014/2013/Decreto/D7950.htm. 23 février 2016.

ROSENBERG, N. A. et al. Genetic Structure of Human Populations. Science. 2002 298, (5602) : 2381-2385. *DOI :* 10.1126/science.1078311. SCHUMM JW, BACHER JW. Matériaux et méthodes pour l'identification et l'analyse de marqueurs d'ADN à répétition en tandem intermédiaire. Brevet américain. 2001

RESENDE, A. F. T. Étude des marqueurs génétiques des systèmes CODIS et ESS dans la population immigrée du Cap-Vert vivant à Lisbonne. Université de médecine de Lisbonne. Lisbonne, Portugal. Portugal. 2016.

SÉBASTIEN, L. DNA Slippage Occurs at Microsatellite Loci without Minimal Threshold Length in Humans : A Comparative Genomic Approach, 2010.

SCHNEIDER. et al. Criminal DNA databases : the European situation. Forensic Science International. 2001. v.119, n.2, p.232-238.

Cour supérieure de justice. Resp 38451. 4e chambre. Diàrio de Justiça, Brasilia, DF, 13   juin   .   1994.   Disponible   à l'adresse

ttp://stj.jusbrasil.com.br/jurisprudencia/21019582/recurso-especialresp-38451-mg-1993-0024734-4-stj. Consulté le : 23 février 2016.

SHARMA, V., LITT, M. Polymorphisme de répétition tétranucléotidique au locus D21S11. Hum Mol Genet 1992;1 : 67.

WALSH, D. J. et al. Isolation of deoxyribonucleic acid (DNA) from saliva and forensic science samples containing saliva. J Forensic Sci. 1992.

WATSON, J. D. et al. DNA : The Secret of Life. São Paulo : Companhia das Letras, 2005.